fengyi jinen

缝艺技能

高手级教程

中国缝制机械协会家用缝纫机分会　编著

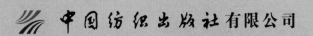

中国纺织出版社有限公司

图书在版编目（CIP）数据

缝艺技能高手级教程 / 中国缝制机械协会家用缝纫机分会编著 . -- 北京：中国纺织出版社有限公司，2020.9

ISBN 978-7-5180-7641-3

Ⅰ．①缝… Ⅱ．①中… Ⅲ．①缝纫—教材 Ⅳ．①TS941.634

中国版本图书馆 CIP 数据核字（2020）第 127211 号

FENGYI JINENG GAOSHOUJI JIAOCHENG

责任编辑：范雨昕　　责任校对：王蕙莹　　责任印制：何　建

中国纺织出版社有限公司出版发行
地址：北京市朝阳区百子湾东里 A407 号楼　邮政编码：100124
销售电话：010 — 67004422　传真：010 — 87155801
http://www.c-textilep.com
中国纺织出版社天猫旗舰店
官方微博 http://weibo.com/2119887771
天津千鹤文化传播有限公司印刷　各地新华书店经销
2020 年 9 月第 1 版第 1 次印刷
开本：889×1194　1/16　印张：3
字数：52 千字　定价：98.00 元

编委会

杨晓京　刘　敏　董　榕　方海祥

赖顺昌　林　军　毛玲艳　应迨吉

周沪承　于伟屏

主　笔

于伟屏　刘莹玉

序

说到"缝",大家首先想到的,大概就是孟郊那首《游子吟》:"慈母手中线,游子身上衣。临行密密缝,意恐迟迟归。谁言寸草心,报得三春晖。"这首诗一方面写出了母亲为即将远行的儿子做衣服的情景,也写出了儿行千里母担忧、儿子受到勉励有心回报的母子深情。中华民族曾有相当长的时期保持在以男耕女织的农业为主的社会形态,孕育了源远流长的女红文化,编织、刺绣、缝纫,是最常见的手工形式。在古代,中国的纺织、刺绣、缝制产品伴随着丝绸之路,走向世界,成为惊艳世界的东方瑰宝。

随着社会的不断发展,工业化渐渐成为主流,而其中的一个主要特征是以机械代替手工。中国在 20 世纪也经历了由缝纫机代替纯手工制作服装和布艺产品的过程。特别是在 20 世纪 80 年代,家用缝纫机作为家庭必备的生产资料,在中国的年产量一度超过 1000 万台,使中国成为世界第一大家用缝纫机生产和消费国。但随着服装成衣加工业在中国的快速崛起,扭转了家用缝纫机红遍万家的景象,成衣消费成为市场主流,家用缝纫机黯然退场。这一退,竟是 20 年。

2000 年以后,多功能家用缝纫机脱胎换骨,作为一种新型的 DIY 工具再次进入大家的视野。中国缝制机械协会家用缝纫机分会近年来以推动现代新型缝艺文化为宗旨,走进社区、学校、企业,开展了大量的缝纫体验活动、定制活动和比赛交流活动,深深地体会到了大家对缝纫艺术的喜爱。对于有缝纫情结的人,缝纫是温暖的回忆;对于新一代手工爱好者,缝纫是全新的尝试。

缝纫,既要动手,又要动脑。从构思、选材、剪切、缝纫,看着一块块布由二维变三维,成为一件立体的富有生命力的作品,不仅仅是技术的精进,更是富含情感的创造。暖暖的阳光下,软软的布料,慢慢地缝纫,想着这件饱含温度的作品,即将递到某个有缘人的手上,就可以带来情感的满足。这里蕴含着缝艺文化在中国千百年流传下来的原动力:缝艺,提供人们日常所需,但远不止于此,它还展现中华民族独特的审美艺术、传统生活智慧与人情世故之美。现在的新型多功能缝纫机更是小巧便捷,操作简单,男女老少皆宜,早已跳出了旧式女红的概念，富有创造性，赋予了缝艺文化更多可以与现代生活方式、审美、教育、情趣培养相结合的可能性。

在新型缝艺文化普及过程中，我们发现很多对缝纫有兴趣的手工爱好者一时找不到学习缝纫技术的资源。为此，我们以多功能家用缝纫机的使用为基础，结合实用性和艺术性，编纂了一套缝艺教程，根据难易程度不同，分为巧手级、能手级、高手级三个等级。教程从缝纫机的基本线迹和布块拼缝讲起，到逐渐复杂的构图，到缝纫机多种功能的开发使用，到技艺融合的创意拓展，缝艺技能教程是系统地学习缝艺技能的一套不可多得的学习资料。缝艺爱好者在具有相应资历的培训点学习完课程，提交的作业符合要求，可获得由中国缝制机械协会家用缝纫机分会颁发的等级证书。

这是现代新型缝艺文化普及的一次全新的尝试，希望借此建立具有中国自己文化特色的缝艺技能培训系统，让广大的缝艺爱好者方便学、愿意学、学得起、学得好，使缝艺这项传承美、传承爱、传承创造力的产业能够再次焕发生机，在中国决胜全面建成小康社会的大背景下，为激发个人创意、打造和美家庭、建设和谐社会发挥应有的作用！

中国缝制机械协会理事长

目　录

割绒围巾

一、制作要点

1. 准备好纯棉平纹布4片，长边为直布边，按顺序依次摆放好，下面1片布的四周均比上面1片布大1cm左右，最下面1片比最上面1片要大出3cm左右（图1）。

2. 在最上面的一层布上间隔0.7～1cm，并以45°为标准画线（图2）。

3. 沿画线部分压线，先隔一条压一条，全部压好后再将中间没压线的部分完成（图3）。

4. 用专用割绒轮刀，从第3层下面两条压线中间插入，并割开（图4、图5）。

5. 全部割开后，用硬的毛刷把切口刷开，或是机洗后再刷（图6）。

6. 尽量刷出来更多的绒（图7）。

7. 四周切正，背布与表布正面相对车缝，留返口，翻出，缝合返口（图8、图9），完成。

二、材料与尺寸

1. 表布50cm×120cm，4片。
2. 背布40cm×110cm，1片。

三、制作步骤

制作步骤如图1~图9所示。

图1

图2

图3

图4

图5

图6

图7

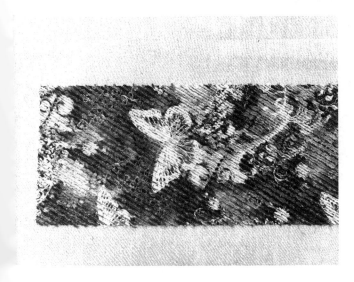

图8

图9

疯狂拼布（桌旗）

一、制作要点

1. 准备10种以上主色布片，坯布尺寸大于最终完成桌旗的尺寸（图1）。

2. 从坯布的边缘开始，两片布正面相对，车缝于坯布上（图2）。

3. 具体的制作方法与快速翻缝相同，拼接好一整片表布（图3）。

4. 同样的方法再拼接出边条及背布（图4）。

5. 正面所有的缝份处用不同线迹做装饰性压线（图5）。

6. 切正表布与背布，两端可以修成三角形，增加形状感，表布与背布正面相对，留返口，车缝一周（图6），
   完成。

二、材料与尺寸

1. 表布 10 色以上若干。
2. 坯布 50cm×130cm，1 片。
3. 背布 45cm×125cm，1 片。

三、制作步骤

制作步骤如图 1~图 6 所示。

图1

图2

图3

图4

图5

图6

万花筒拼布（壁饰）

一、制作要点

1. 先用硫酸纸做出纸型，并画出图案的边缘（图1）。

2. 在一块布上选择6片相同的图案，裁成三角形（图2）。

3. 按配色排列，拼接3个三角形，再将三角形拼成一排，再一排一排拼接，缝份向两边打开（图3）。

4. 拼接成一整片，加铺棉、底布，底布比铺棉四周大3cm左右（图4）。

5. 用别针固定，压线（图5）。

6. 四周切正，包边（图6），完成。

二、材料与尺寸

1. 表布 10 个颜色以上。
2. 底布 100cm×120cm，1 片。
3. 铺棉 100cm×120cm，1 片。

三、制作步骤

制作步骤如图 1~图 6 所示。

图 1

图 2

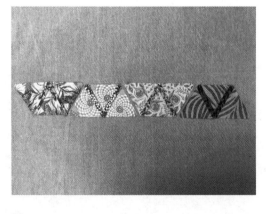

图 3

图 4

图 5

图 6

巴杰洛拼布（壁饰）

一、制作要点

1. 2组表布按由浅到深排列，裁成小块贴在标有序号的A4纸上（图1）。

2. 每个颜色布裁成5cm×100cm的布条，长边为直布边，拼接成1整片，4套布拼接方式一致，缝份倒向一边（图2）。

3. 将拼好的1片再首尾拼接在一起成为一个筒形，4套拼接方式一致（图3）。

4. 再将2套筒形按排序尺寸裁成40条，另2套裁切方式一致（图4）。

5. 参考顺序图，按序号，拆开相应的缝线，错开，排列（图5）。

6. 依次拼接成4片（图6）。

7. 最终将4片拼接好的布拼接成一整片，再加铺棉，压线，包边（图7），完成。

二、材料与尺寸

1. 表布2组配色布各10个颜色，共4套，10cm×100cm。
2. 底布150cm×150cm，1片。
3. 铺棉150cm×150cm，1片。

三、制作步骤

制作步骤如图1～图7所示。

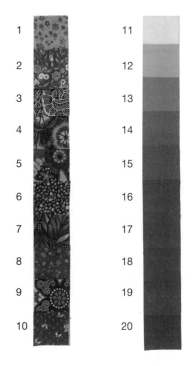

图1

图2

图3

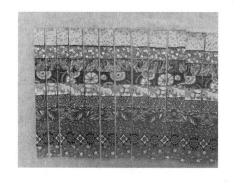

图4

图5

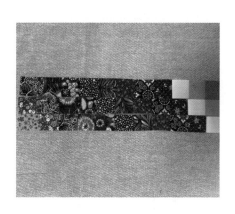

图6

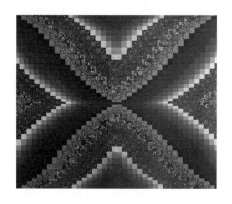

图7

四、排列顺序

拼布排列顺序如图 8 所示。

左右

排列顺序	尺寸(cm)	4	4	3.5	4	5	5	6	6	5	5.5	5	5	4.5	4.5	4	4	4	3.5	3	3	3	3.5	4	4	4	4.5	5	5	5.5	5	5	6	6	5	5	4	3.5	4	4
	序号	20	19	18	17	16	15	14	13	12	11	10	9	8	7	6	5	4	3	2	1	2	3	4	5	6	7	8	9	10	11	12	13	14	15	16	17	18	19	20
1		20	19	18	17	16	15	14	13	12	11	10	9	8	7	6	5	4	3	2	1	2	3	4	5	6	7	8	9	10	11	12	13	14	15	16	17	18	19	20
2		1	20	19	18	17	16	15	14	13	12	11	10	9	8	7	6	5	4	3	2	3	4	5	6	7	8	9	10	11	12	13	14	15	16	17	18	19	20	1
3		2	1	20	19	18	17	16	15	14	13	12	11	10	9	8	7	6	5	4	3	4	5	6	7	8	9	10	11	12	13	14	15	16	17	18	19	20	1	2
4		3	2	1	20	19	18	17	16	15	14	13	12	11	10	9	8	7	6	5	4	5	6	7	8	9	10	11	12	13	14	15	16	17	18	19	20	1	2	3
5		4	3	2	1	20	19	18	17	16	15	14	13	12	11	10	9	8	7	6	5	6	7	8	9	10	11	12	13	14	15	16	17	18	19	20	1	2	3	4
6		5	4	3	2	1	20	19	18	17	16	15	14	13	12	11	10	9	8	7	6	7	8	9	10	11	12	13	14	15	16	17	18	19	20	1	2	3	4	5
7		6	5	4	3	2	1	20	19	18	17	16	15	14	13	12	11	10	9	8	7	8	9	10	11	12	13	14	15	16	17	18	19	20	1	2	3	4	5	6
8		7	6	5	4	3	2	1	20	19	18	17	16	15	14	13	12	11	10	9	8	9	10	11	12	13	14	15	16	17	18	19	20	1	2	3	4	5	6	7
9		8	7	6	5	4	3	2	1	20	19	18	17	16	15	14	13	12	11	10	9	10	11	12	13	14	15	16	17	18	19	20	1	2	3	4	5	6	7	8
10		9	8	7	6	5	4	3	2	1	20	19	18	17	16	15	14	13	12	11	10	11	12	13	14	15	16	17	18	19	20	1	2	3	4	5	6	7	8	9
11		10	9	8	7	6	5	4	3	2	1	20	19	18	17	16	15	14	13	12	11	12	13	14	15	16	17	18	19	20	1	2	3	4	5	6	7	8	9	10
12		11	10	9	8	7	6	5	4	3	2	1	20	19	18	17	16	15	14	13	12	13	14	15	16	17	18	19	20	1	2	3	4	5	6	7	8	9	10	11
13		12	11	10	9	8	7	6	5	4	3	2	1	20	19	18	17	16	15	14	13	14	15	16	17	18	19	20	1	2	3	4	5	6	7	8	9	10	11	12
14		13	12	11	10	9	8	7	6	5	4	3	2	1	20	19	18	17	16	15	14	15	16	17	18	19	20	1	2	3	4	5	6	7	8	9	10	11	12	13
15		14	13	12	11	10	9	8	7	6	5	4	3	2	1	20	19	18	17	16	15	16	17	18	19	20	1	2	3	4	5	6	7	8	9	10	11	12	13	14
16		15	14	13	12	11	10	9	8	7	6	5	4	3	2	1	20	19	18	17	16	17	18	19	20	1	2	3	4	5	6	7	8	9	10	11	12	13	14	15
17		16	15	14	13	12	11	10	9	8	7	6	5	4	3	2	1	20	19	18	17	18	19	20	1	2	3	4	5	6	7	8	9	10	11	12	13	14	15	16
18		17	16	15	14	13	12	11	10	9	8	7	6	5	4	3	2	1	20	19	18	19	20	1	2	3	4	5	6	7	8	9	10	11	12	13	14	15	16	17
19		18	17	16	15	14	13	12	11	10	9	8	7	6	5	4	3	2	1	20	19	20	1	2	3	4	5	6	7	8	9	10	11	12	13	14	15	16	17	18
20		19	18	17	16	15	14	13	12	11	10	9	8	7	6	5	4	3	2	1	20	1	2	3	4	5	6	7	8	9	10	11	12	13	14	15	16	17	18	19

图 8　拼布排列顺序

手提双肩背两用包

一、制作要点

1. 包前兜制作：先制作拉链两端的挡布，再将兜身的内外袋布车缝上，注意拉链上口布要比下口布宽出3cm（图1）。

2. 将前兜4个角的内外袋分别捏成三角形，布边对齐，沿3cm线车缝（图2）。

3. 前兜内外袋疏缝一周，两边拼接前兜两侧布（图3）。

4. 前兜背面车缝底布（图4）。

5. 再与包底及包下半部表布拼接（图5）。

6. 按图示制作包两侧兜（图6）。

7. 按图示制作双肩包背带（图7）。

8. 按图示制作包下半部内袋（图8）。

9. 先将双肩包背带与包下半部车缝固定，再与两侧拼接完成（图9）。

10. 在包口处安装手提包带，再将制作好的内袋背面对背面套在一起，包口处疏缝（图10）。

11. 包上半部拉链制作与前兜相同，包背面车缝双肩包背带（图11）。

12. 包上半部和下半部制作完成后，正面对正面套在一起，车缝，拼接处包边（图12），完成。

二、制作步骤

制作步骤如图1～图12所示。

图1

图2

图3

图5

图4

图 6

图 7

图 8

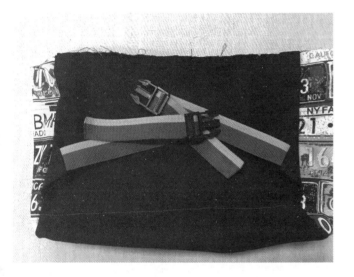

图 9

图 10

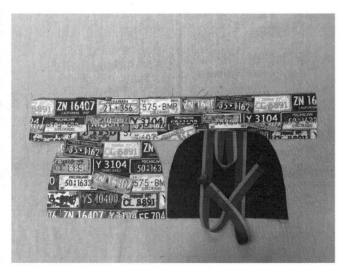

图 11

图 12

三、材料与尺寸

材料与尺寸如图 13 所示。

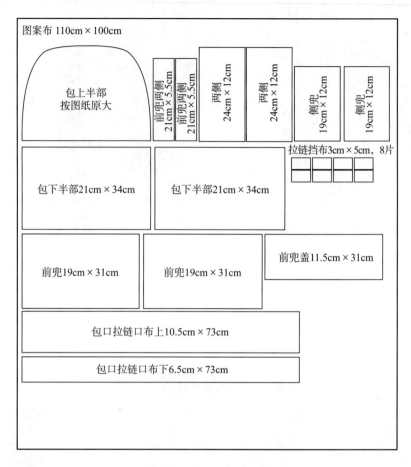

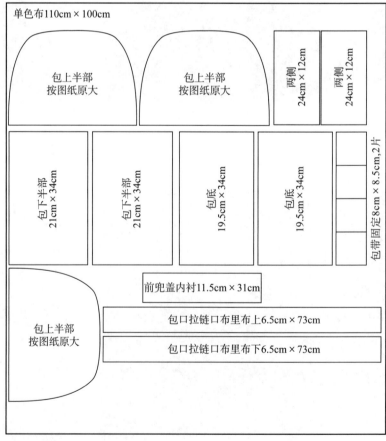

图13 材料与尺寸示意图

四、裁剪图纸

裁剪图纸如图 14、图 15 所示。

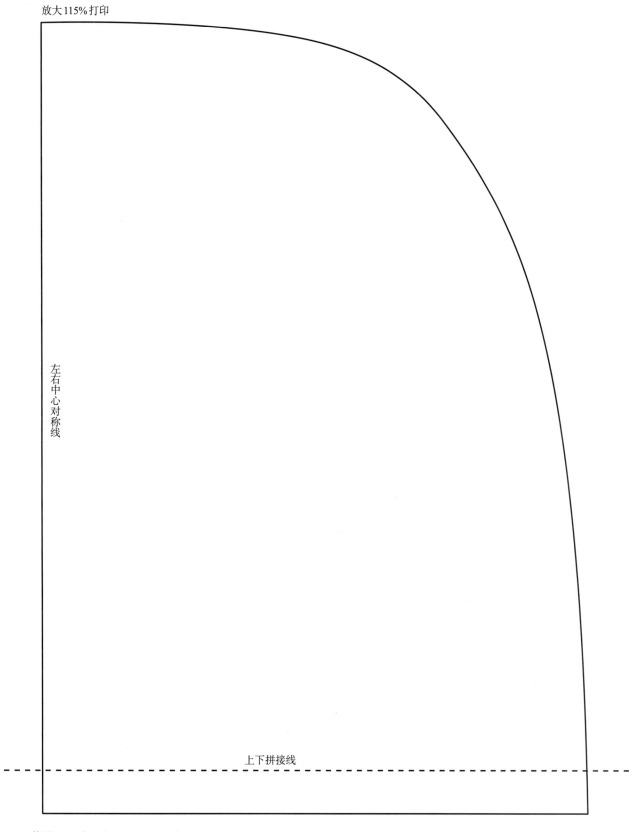

放大115%打印

左右中心对称线

上下拼接线

图14 裁剪图纸（一）

放大115%打印

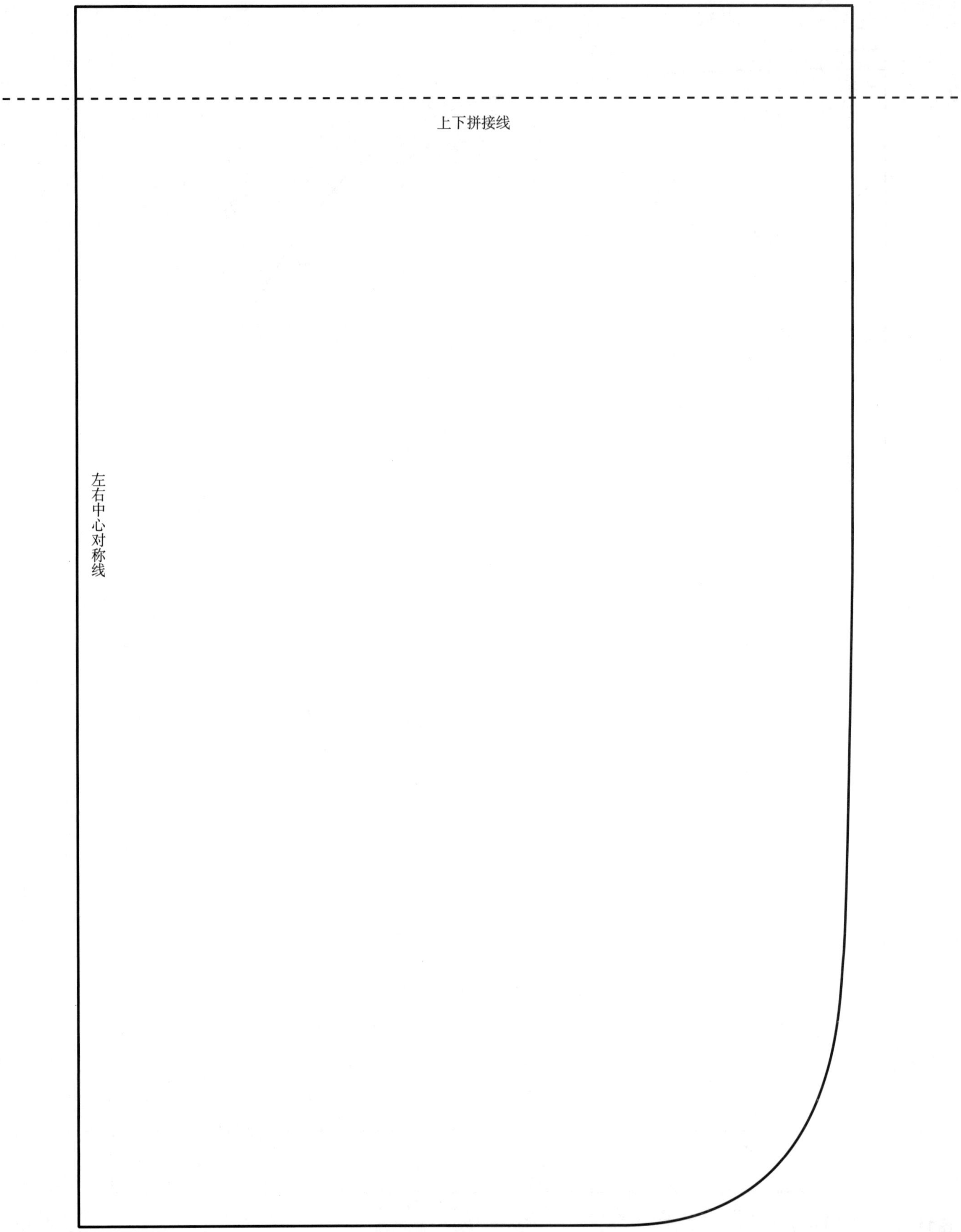

上下拼接线

左右中心对称线

图15 裁剪图纸（二）

16

油画拼布

一、制作要点

1. 分别把配色布裁成不规则的小块或是小条（图1）。

2. 在坯布上烫好单胶铺棉，画出5cm×5cm的方格，按照图片把大致的形状勾出（图2）。

3. 先裁出天空、树木、河流等布片，按画出的部分摆好（图3）。

4. 按景深效果撒上不同颜色的布块或是布条，景深越远颜色越浅，景深越近颜色越深（图4）。

5. 树枝可局部放到上层（图5）。

6. 用网纱或是羊毛条做出阴影效果（图6）。

7. 网纱四周大于作品各5cm以上，并折向作品背面，用珠针固定（图7）。

8. 整体做自由压线（图8）。

9. 光影的部分用压线修饰（图9）。

二、材料与尺寸

1. 网纱，55cm×70cm，1片。
2. 底布，50cm×60cm，1片。
3. 铺棉，50cm×60cm，1片。
4. 配色布，15cm×30cm，若干。

三、制作步骤

制作步骤如图1～图9所示。

图1

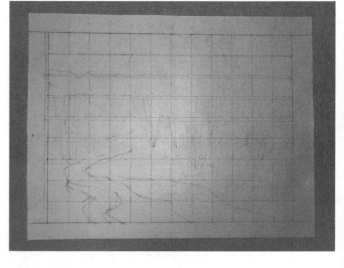

图2

图3

图4

图5

图6

图7

图8

图9

双拉链斜挎包

一、制作要点

1. 准备4个花色，尺寸为宽5cm×长55cm，共9片布（图1）。

2. 按排列顺序，第1片布随意剪出弧形（图2）。

3. 将布边向背面折0.7cm的缝份（图3）。

4. 将第1片布压在第2片布的正面边缘上，沿折好的缝份边在0.2cm处车缝（图4）。

5. 翻到背面将缝份修剪整齐（图5）。

6. 全部9片布按相同的方法拼接成一整片（图6）。

7. 背面烫好单胶铺棉，做简单压线（图7）。

8. 按图纸裁成两片（图8）。

9. 制作拉链口布表布部分，烫铺棉，铺棉不含缝份（图9）。

10. 拉链两端车缝布襻（图10）。

11. 在两条拉链中间的口布缝份处手缝上2片内袋布，背面相对（图11）。

12. 包表布2片与做好拉链的部分车缝，内袋布手缝，完成（图12）。

二、材料尺寸

1. 配色布，5cm×55cm，9片。
2. 铺棉，40cm×55cm，1片。
3. 拉链口布，4cm×35cm，2片；3.5cm×35cm，1片。
4. 拉链口布铺棉，2cm×35cm，2片；1.5cm×35cm，1片。
5. 包底布，9.5cm×42cm，1片。
6. 包底铺棉，9cm×42cm，1片。
7. 布襻，5cm×15cm，1片。
8. 内袋布，50cm×100cm，1片。
9. 拉链，35cm，2条。
10. 斜肩包带，1条。

三、制作步骤

制作步骤如图 1~图 12 所示。

图1

图2

图3

图4

图 5

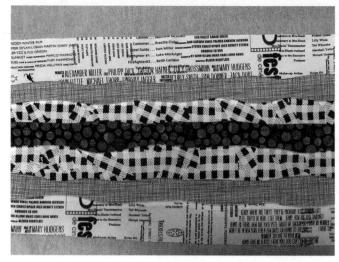

图 6

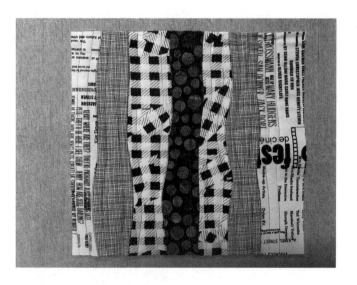

图 7

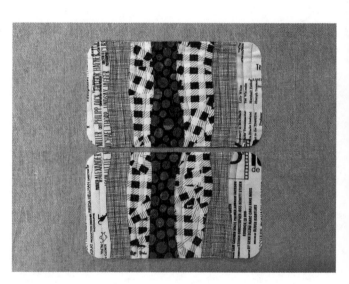

图 8

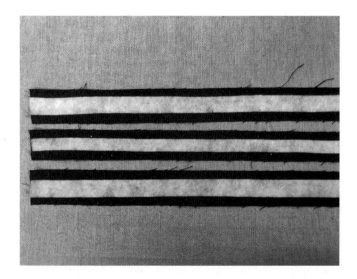

图 9

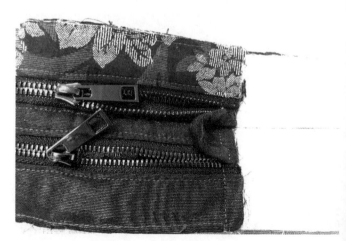

图 10

图11

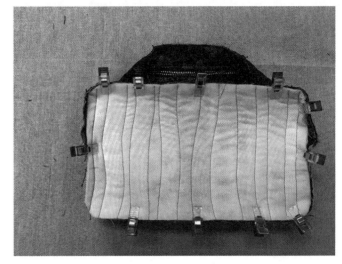

图12

四、纸型图

斜挎包纸型如图 13 所示。

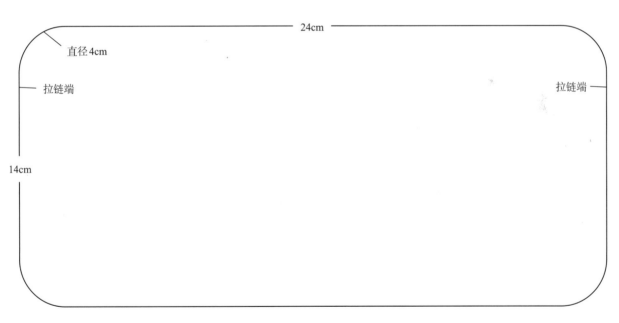

图13 斜挎包纸型图

A 字裙

一、作图尺寸

号型 160/84A	部位名称	腰围（W）	臀围（H）	腰长	裙长
	净体尺寸（cm）	64	92	19	45

二、款式图

款式图见图1。

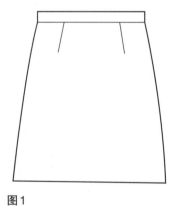 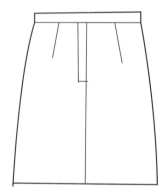

图1

三、结构图

结构图见图2。

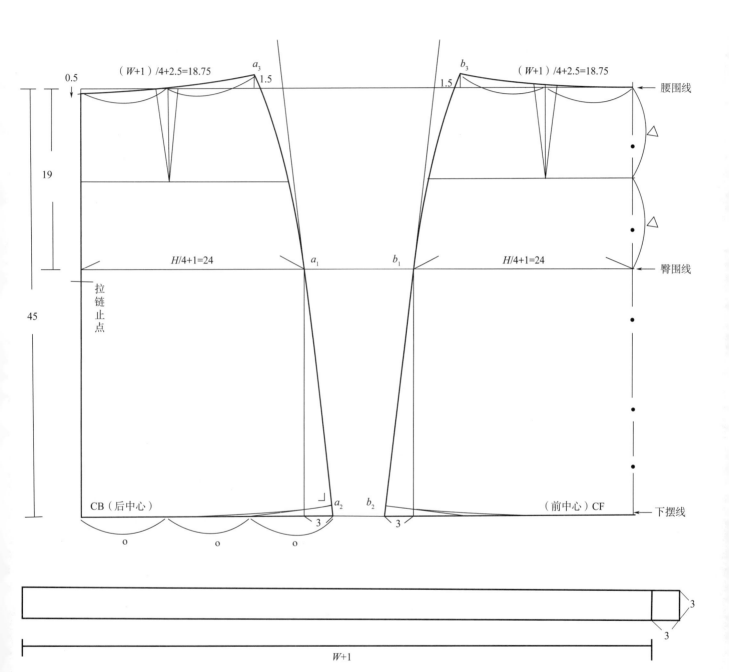

图2

四、绘制步骤

1. 画45cm×60cm的长方形

   裙长：45cm

   $H/2+15\sim20$：60cm

   取19cm处画臀围线。

2. 在臀围线上标记a_1：$H/4+1=24$cm；b_1：$H/4+1=24$cm；

   *各+1是松份，所以A字裙臀围一圈的松量为4cm；

   分别将a_1、b_1垂直向下至裙下摆线，再往外延3cm取点a_2、b_2，

   分别连接a_1、a_2和b_1、b_2点，并向上画至腰围线外约5cm。

   见图3。

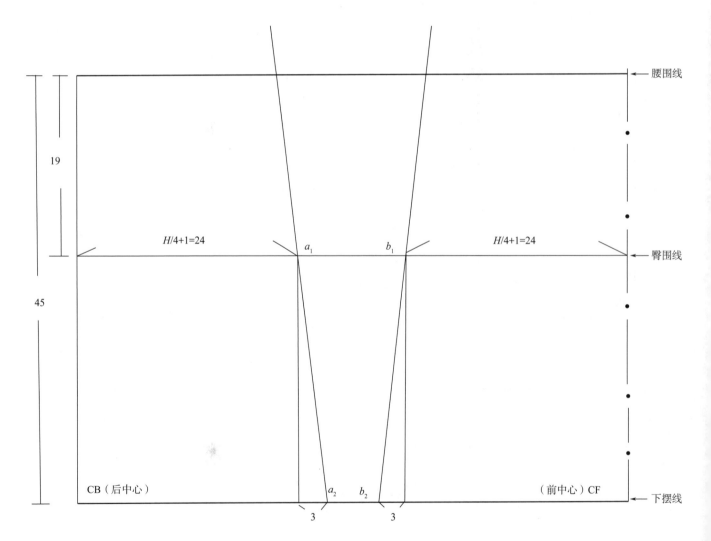

图3

3. 超出腰围线1.5cm，在腰围线上标记a_3、b_3点；（W+1）/4+2.5=18.75cm；*2.5cm为省量。

4. 自后中心线向下延长0.5cm；与a_3、b_3点连成腰围线；*前后腰围线与中心线、胁边线垂直。

5. 下摆三等分，从2/3点处向胁边线作垂直线，再修成弧线。见图4。

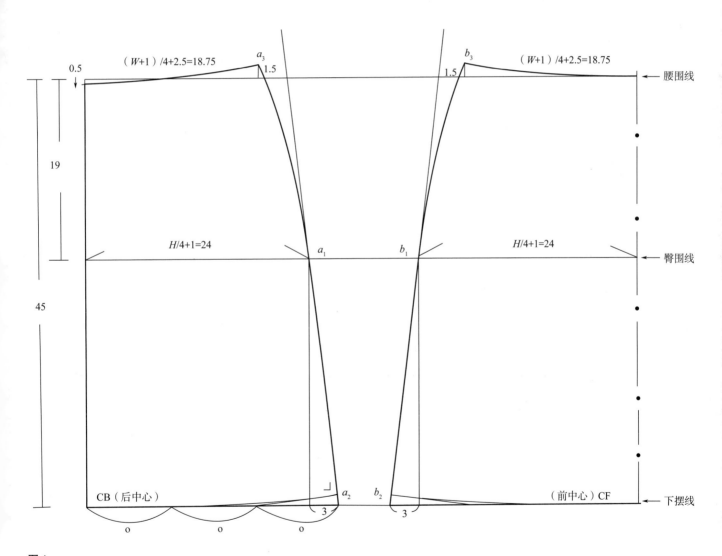

图4

6. 在后中心线的臀围线下1cm处标注拉链止点。

7. 如图制作褶线，褶量：2.5cm。见图5。

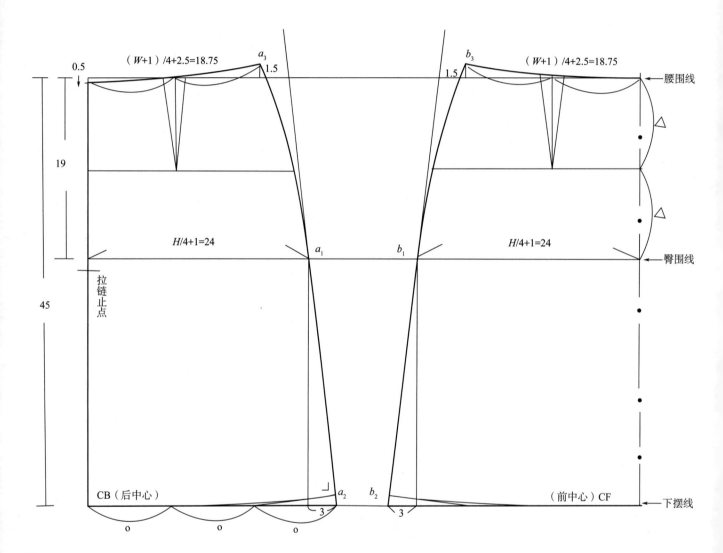

图5

8. 裁片缝份说明。见图6。

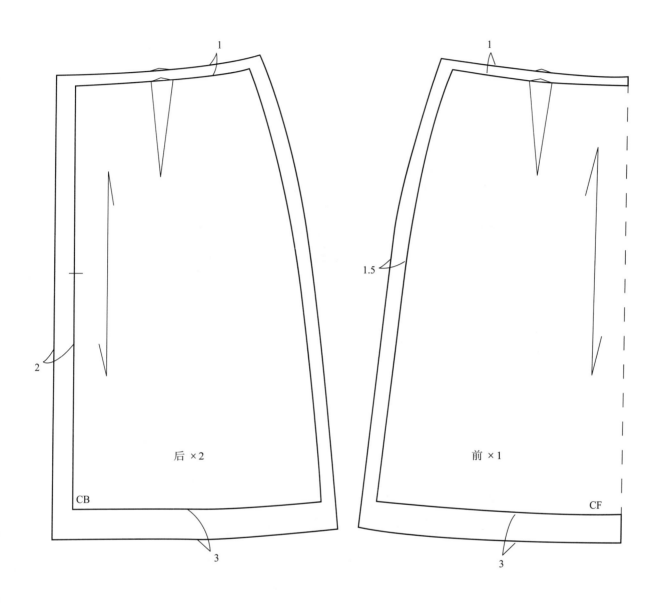

后 ×2

CB

前 ×1

CF

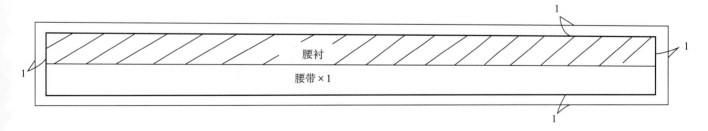

腰衬

腰带 ×1

图6

9. 缝制拉链。

（1）将直线针迹缝制到拉链开口。让布料的正面相对，到拉链开口后缝制反向针迹。

（2）使用疏缝针迹，继续向布料边缘缝制。

（3）从布料的反面将缝边打开。

见图7。

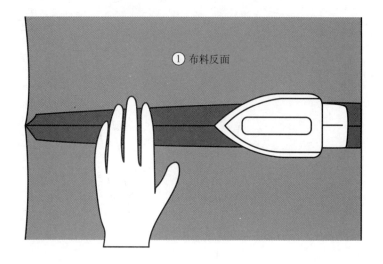

图7

（4）按缝边使正面（不缝制针迹的一面）多出3mm。见图8。

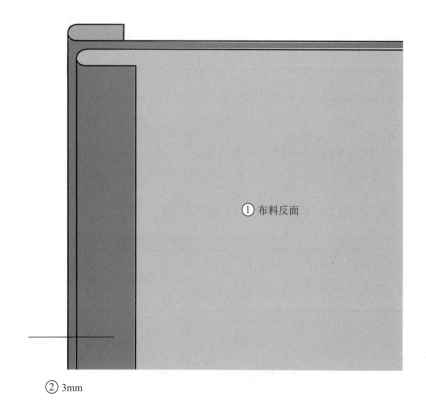

② 3mm

图8

（5）将拉链缝制到多出3mm的布料上，从拉链的底部开始缝制。见图9。

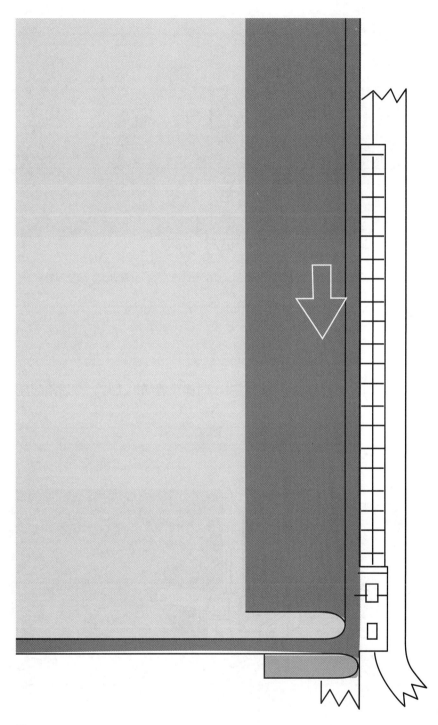

图9

（6）在拉链周围缝制顶部针迹。在拉链开口的末端缝制反向针迹并将拉链牙与压脚侧对齐。见图10。

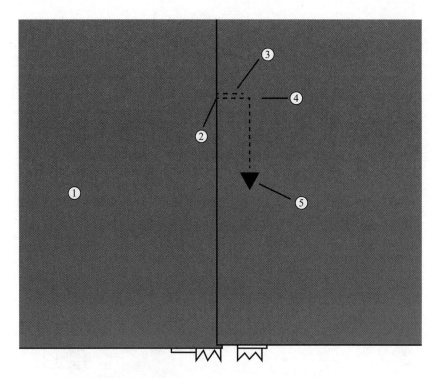

① 布料正面 　② 拉链开口末端 　③ 反向针迹 　④ 针迹开头 　⑤ 疏缝针迹

图10

（7）距离拉链末端约5cm时，将针放低（在布料中）时停止缝纫机工作，然后抬起压脚拨杆。拆除疏缝针迹，打开拉链，然后继续缝制。见图11。

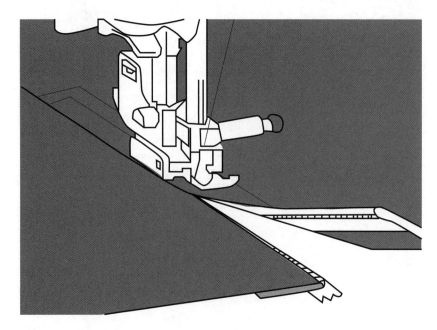

图11

女士长裤

一、作图尺寸

号型	部位名称	腰围（W）	臀围（H）	腰长	股上长
160/84A	净体尺寸（cm）	64	92	19	26

二、结构图

结构图见图1。

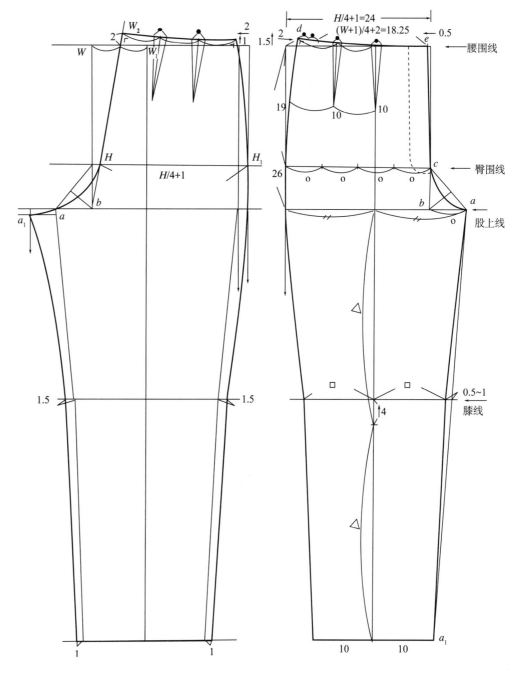

图1

三、 绘制步骤

（一）裤前片

1. 腰长19cm，股上长26cm；取$H/4+1=24$cm。
2. 先在臀围线上进行四等分，将股上线向外延长，长度取臀围线的1/4。
3. 将延长后的股上线进行两等分。

   见图2。

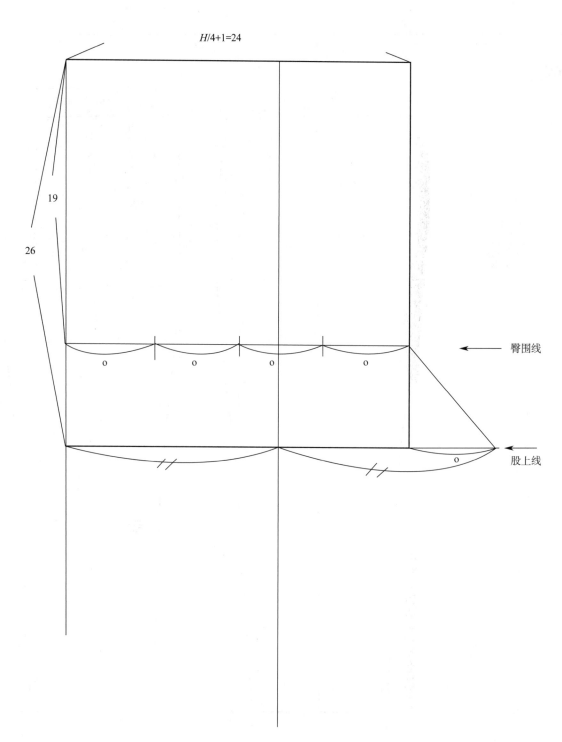

图2

4. 画折山线：从腰围线向下画95cm为裤长，并经过股上线等分点处。

5. 画裤管宽度：在折山线末端左右各取10cm。

6. 画膝盖线：折山线自股上线到末端两等分，再向上画4cm。

7. 连接 a 与 a_1 后，在膝线向左1cm取弧线得出□值，再向左取□值并连线至裤口线。见图3。

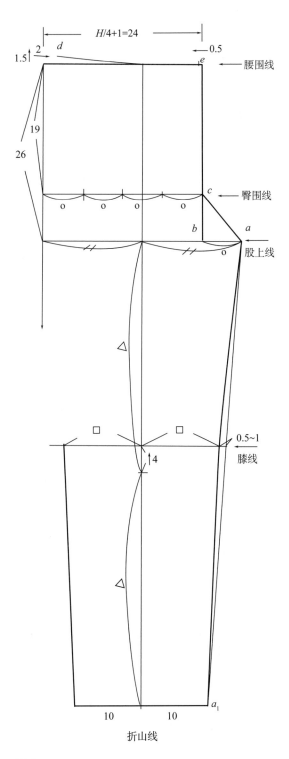

图3

8. 取 *d* 点：自腰围线左上角点向上2cm并向右1.5cm。

9. 取 *e* 点：自前中心腰围线向左0.5cm取点。

10. *e* 与 *d* 点连成弧线。

11. 经过臀围线至股上线连成弧线。

12. 从 *b* 点画 *ac* 线的垂直线，并进行三等分，*c* 点经过1/3处到 *a* 点画弧线。

13. *e* 与 *c* 连接。

见图4。

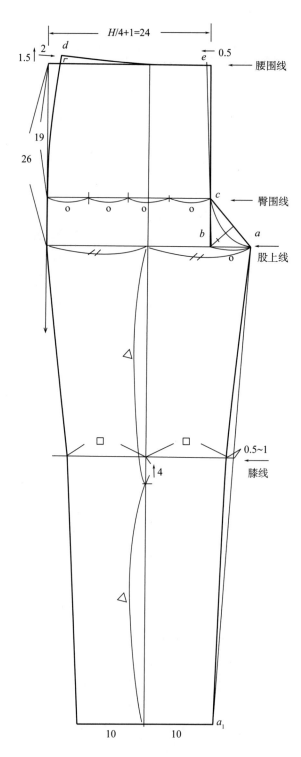

图4

14. 计算褶量：d 与 e 连接线长度减去（$W+1$）/4+2=18.25cm；再将其两等分得●值。

●值即为褶量。

15. 画褶：第一道褶以折山线为中心，取●值，褶长10cm；第二道褶是将第一道褶的左边线两等分，以此为中心取●值，褶长10cm。

16. 拉链止点在臀围线下1cm，宽度为3cm。

见图5。

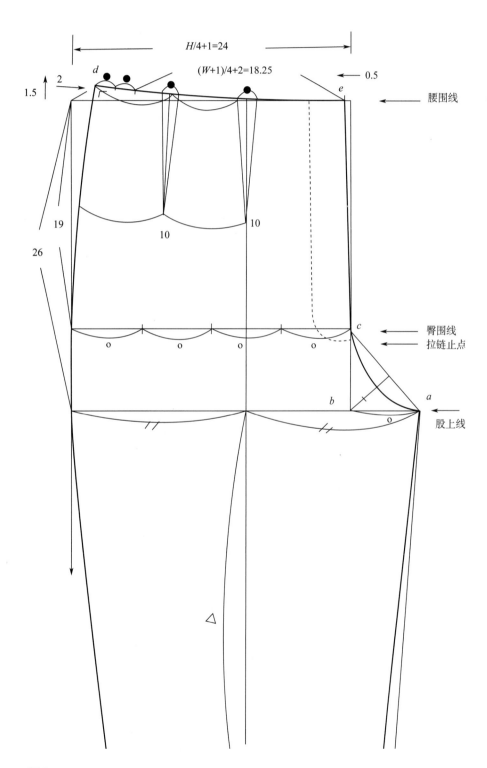

图5

（二）裤后片

1. 镜像描绘前片轮廓线。

2. W 到 W_1 连线两等分，从 b 点经过此点并向上延 $2cm$ 得 W_2。

3. 后臀宽度：在臀围线上自 H 点向右 $H/4+1$ 得 H_1，再往下作垂直线。经过 H_1 向上与腰围线呈垂直型。
   见图6。

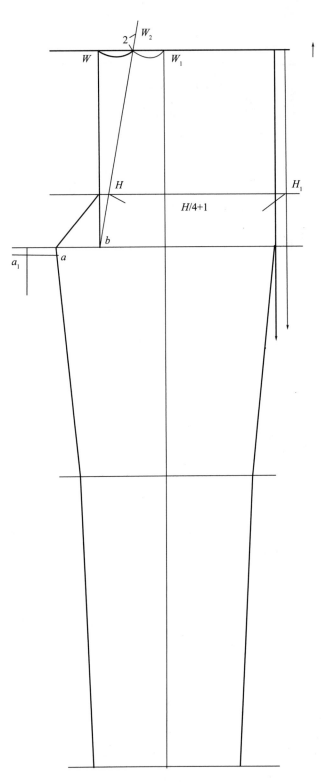

图6

4. 自 H 点经过三角垂直线的 1/3 处到 a_1 点画弧线。

5. 膝下线左右各往外延 1.5cm，裤口线左右各往外延 1cm；从 a_1 点经过外扩点画股下线。

6. 从腰围线的最右点向左 2cm 并向上 1cm 与 W_2 连成弧线，即腰围线。

再向下经过 H_1，膝线和裤口外扩点画肋边线。

见图 7。

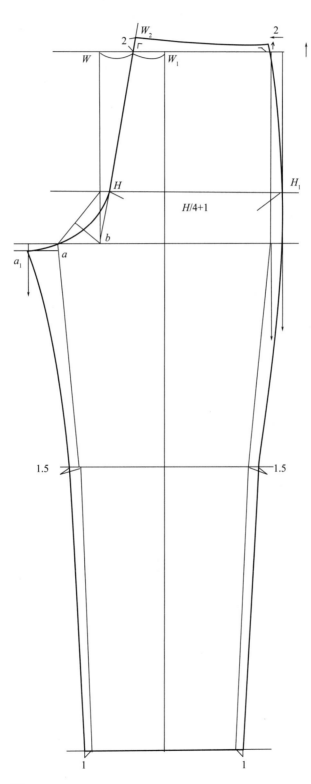

图7

7. 计算褶量：量出腰围线长度减去（$W+1$）/4−2=14.25cm；再将其两等分，即为褶量●。

画褶：将腰围线三等分，以等分处为中心取●值，褶长10cm做两个褶。

*如果腰围与臀围差小于3cm可以做一个褶，以腰围线的中心向下做褶即可。

见图8。

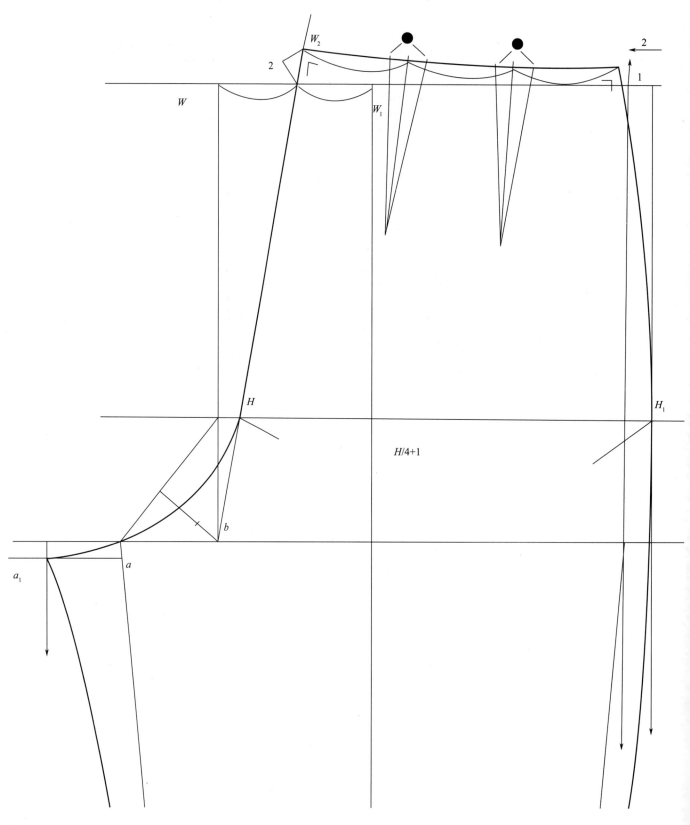

图8

女士插肩短袖T恤

一、作图尺寸

号型 160/84A	部位名称	腰围（W）	衣长（CL）	袖长（SL）	领围（N）
	净体尺寸（cm）	88	60	30	35

二、绘制步骤

1. 画长80cm，高60cm的长方形；取胸围线：从上往下（胸围/6）+10~12cm画横线。
2. 在胸围线取（胸围/4）+2.5cm得a和a_1点。垂直至底端。
   见图1。

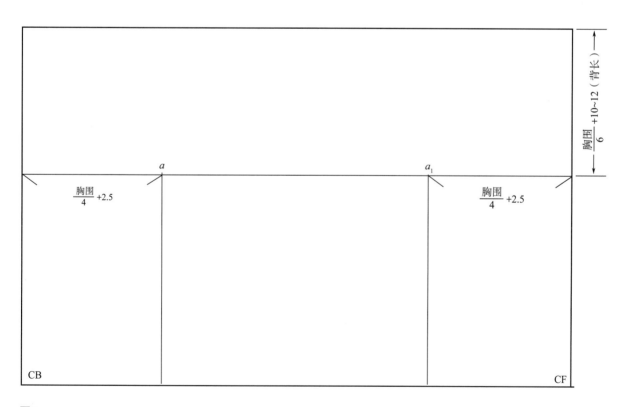

图1

3. 画领圈

后片领圈：取●=（领围/5）+1cm 为长，取●/3 为高；画弧线：弧线经过●/2 *b* 处。

前片领圈：取●=（领围/5）+1cm 为长，取●+1cm 为高；画弧线：弧线经过对角线●/2-0.5cm处。

*取领围 b 点到肩尖点的距离，在前片的肩点取同值在领围线上得到 b_1 点。

4. 连接 *ab* 和 a_1b_1 点，并在连接线上三等分。如图画弧线，弧线经过连线的2/3处。

*有2条弧线，1条是衣身的弧线，1条是袖子的弧线。2条弧线长度相等。弧度的高度约1.5cm。弧线可借助曲线尺完成。

5. 后片袖尖点向右15cm并向下5cm，连接袖尖点，长度为30cm（袖长）；并画20cm垂直线，此垂直线为袖口。连接袖口线与袖弧线端点。

前片袖尖点向右15cm并向下5cm，连接袖尖点，长度为30cm（袖长）；并画19cm垂直线，此垂直线为袖口。连接袖口线与袖弧线端点。

见图2。

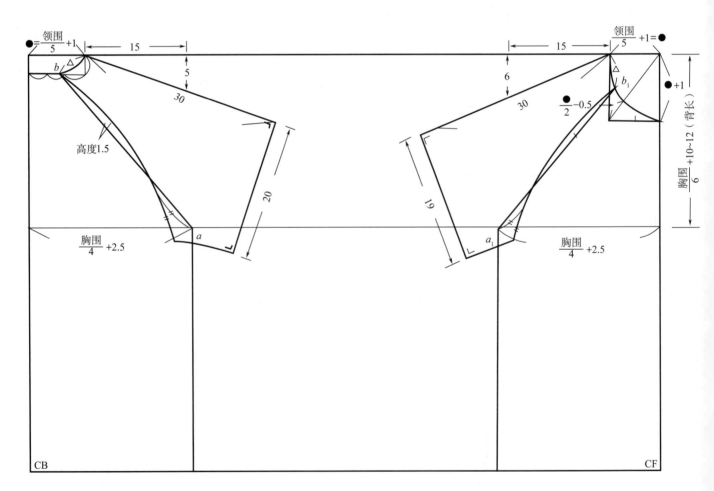

图2